PLANS
D'APPAREILS
POUR AMÉLIORER
L'ÉDUCATION DES VERS A SOIE.

Les éducateurs de vers à soie et les fileurs qui habitent les départements de l'Ardèche et des Hautes-Alpes, peuvent employer les *Appareils Vasseur* sans avoir aucune rétribution à payer.

PLANS

D'APPAREILS

INVENTÉS

Par Louis VASSEUR

POUR AMÉLIORER

L'ÉDUCATION DES VERS A SOIE

ET FACILITER L'ENTRETIEN DES COCONS POUR FILATURE ;

PRÉCÉDÉS DE QUELQUES OBSERVATIONS

SUR LA MAGNANERIE DARCET.

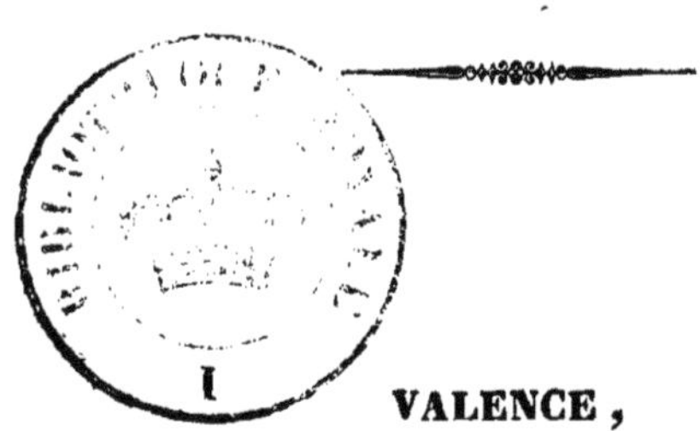

VALENCE,
IMPRIMERIE DE MARC AUREL FRÈRES.

1840.

PLANS
D'APPAREILS
POUR AMÉLIORER
L'ÉDUCATION DES VERS A SOIE,
PRÉCÉDÉS DE QUELQUES OBSERVATIONS
SUR LA MAGNANERIE DARCET.

Mon intention, en publiant les plans de quelques-uns des appareils que j'ai inventés pour améliorer l'éducation des vers à soie, et faciliter l'entretien des cocons pour filature, n'est pas de me poser en professeur de magnanerie.

Le narré des expériences que j'ai faites n'intéresserait que peu de personnes ; aussi me contenterai-je de dire que le mûrier et le ver à soie sont naturellement d'une vigueur telle qu'ils se prêtent à toute espèce de traitement. Il n'est aucun *expérimentateur*, tant soit peu intelligent, qui n'ait obtenu de beaux produits et ne soit convaincu d'être dans le vrai. Cependant les uns veulent que le mûrier soit cultivé dans un pays chaud, les autres préfèrent un climat froid; et l'on voit, sous le même ciel, des cultivateurs laisser leurs arbres s'élancer en quenouille, tandis que d'autres leur donnent la forme de l'oranger.

Pour les vers à soie, il y a peut-être encore une plus grande diversité dans la manière de les élever. Les uns veulent de l'air extérieur en abondance; les autres s'enferment hermétiquement dans leurs magnaneries, ne laissant respirer à leurs vers qu'un air qui a, en quelque sorte, passé par leurs mains. Des réussites brillantes ont été obtenues, dit-on, par des éducations hâtées; et des récoltes incomparables ont récompensé, chez d'autres, une prudente lenteur. Il est impossible cependant de conclure de cela, que chacun de ces systèmes ait raison; car le but n'est pas de faire réussir une méthode quand même, mais bien de produire le plus en dépensant le moins possible.

C'est donc l'économie séricole qu'il serait bon d'étudier, car cette industrie est dans une position telle en France, par la manière dont elle est liée au commerce, que dans chaque localité l'intérêt du planteur et du magnanier change, suivant que le premier vend ou utilise sa feuille lui-même, ou que le second, vend ses cocons ou les fait filer. Le conseil qu'on donnerait aux planteurs pourrait devenir funeste aux magnaniers : il en serait de même dans les rapports du magnanier au fileur.

A chacun donc d'agir d'après sa position particulière; se basant toutefois sur ce principe général : que le mûrier doit produire aussitôt que possible une feuille abondante; et que le calcul le plus faux qu'on puisse faire est celui de chercher à s'assurer, dans un avenir éloigné, de larges récoltes, au détriment d'une époque plus rapprochée.

Nous ne sommes plus au temps où l'argent dormait dans des trous de mur, il est reconnu aujourd'hui que cent francs comptés de suite valent plus que mille qu'on ne devra toucher que dans quinze ans.

Si je fais précéder la légende explicative de mes plans, par quelques réflexions rapides sur les ateliers Darcet, on voudra bien reconnaître que je ne puis être guidé par d'autre intérêt que celui de l'industrie, et que, pour ce qui me concerne, ma position d'inventeur devrait me défendre toute critique contre les ateliers dans lesquels mes claies mobiles sont le plus indispensables. Il est facile de le comprendre : le besoin le plus réel de la magnanerie mécanique est celui de la fermeture hermétique. Mes appareils verticaux placés dans une magnanerie à grande hauteur, permettent de n'avoir qu'une seule ouverture, qui est celle de la porte d'entrée. Le moindre ciel ouvert suffit pour donner la lumière nécessaire au service et aux vers. La dépense des gaînes se trouve diminuée par le peu de longueur du bâtiment. La ventilation est facilitée par la hauteur et l'étroitesse du local, et si l'on songe à la maniere dont elle se fait d'après le mode Darcet, on verra que les tables fixes sont, sinon impossibles, au moins très-fâcheuses. L'air agité du bas en haut, frappe sous les claies de dessous, et s'élève à droite et à gauche dans les couloirs, ne ventilant d'une manière complète que le magnanier. M. Camille Beauvais a remédié, autant que possible, à ce manque d'air entre les tables fixes en armant d'éventails ses élèves. M. Darcet a trouvé plus raisonnable d'adopter la mobilisation des claies, qui renouvellent l'air, entre elles, par l'effet seul de leur déplacement. Au reste, je me trouve, par le genre de mes inventions, en dehors de toute espèce de système, ma machine s'adaptant à tous, sans en contrarier aucuns. Qu'on élève des vers en suivant bonnement les principes posés par Dandolo, ou qu'on s'abandonne savamment à la pratique indiquée par M. Camille Beauvais, on a toujours besoin d'économie d'espace et de dépenses, de propreté, de facilité de travail, d'égalité de température, d'agitation d'air; on a besoin (point capital pour les grandes magnaneries), de pouvoir inspecter les claies à toute heure, de nuit comme de jour, de se préserver des touffes de chaleur, des dangers du feu, des rats, des fourmis : on a besoin de sécher la litière, véritable et seul moyen d'échapper à la muscardine.

Dans l'atelier Darcet, comme dans le galetas du moindre cultivateur, mieux vaut travailler à plain-pied, que de monter sur des échelles ou des casse-cous roulants; mieux vaut faire passer les vers devant soi, que d'aller passer devant les vers.

Je puis donc dire, sans qu'on puisse m'accuser d'être mu par mon intérêt particulier, que le résultat des essais nombreux qui se sont faits sur presque tous les points de la France, permet d'émettre avec assurance une opinion, et que tout en sachant gré au gouvernement d'avoir fait des efforts pour améliorer l'industrie séricole, nous avons à regretter qu'il se soit trop aveuglément abandonné à l'entraînement de quelques éducateurs, réformateurs brillants, dont la théorie devait séduire au premier abord; mais ne pouvait pas triompher long-temps à une époque où tout, à bout de compte, se termine par la balance des chiffres. Heureusement on peut, sans danger, faire descendre la culture du mûrier, des champs de la poésie sur le terrain plus solide de la réalité; car si dans le nord cet arbre précieux n'a pas la croissance rapide qu'on lui voit dans le midi, il offre en dédommagement une plus longue durée et l'avantage de moins craindre les gelées printanières. Si le magnanier n'a pas naturellement, pour élever ses vers, la chaleur dont ils ont besoin, il est plus qu'indemnisé par la facilité de ventilation, garantie de succès. Les plantations qui ont eu lieu, les récoltes qu'elles ont produites, mettraient dans l'incertitude de donner l'avantage plutôt au midi qu'au nord de la France. On peut donc sans crainte, après avoir remercié les gens aventureux qui ont marché à la découverte, ne pas se fier entièrement à leurs narrations de voyages, et examiner sans engouement comme sans prévention les voies dans lesquelles ils cherchent à nous entraîner.

Une des réformes proposées a pris naissance dans la traduction d'un ouvrage chinois, où il est dit que les récoltes de cocons sont d'autant meilleures que l'éducation a duré moins de temps, et d'autant plus fâcheuses qu'il a fallu plus de jours pour la terminer. Innovateurs aussitôt de s'écrier : respect à nos maîtres qui, depuis 3,000 ans élèvent des vers à soie; suivons, sans nous en écarter, l'exemple qu'ils nous donnent; des magnaniers n'ont plus visé qu'à un but, celui d'abréger, autant que possible, la durée de l'éducation de leurs vers.

Il ne me paraît guère juste d'invoquer en faveur des Chinois leurs 3,000 ans d'expérience, et je suis porté à croire qu'un siècle en France, vaut plus pour le progrès que 5,000 ans en Chine. La personne que le gouvernement y a envoyée, pour étudier l'art séricole, nous fortifie dans cette idée, quand elle écrit qu'elle n'a trouvé, jusqu'à présent, que du pitoyable en fait de magnanerie. Mais en admettant que les Chinois aient raison de faire une chose, en résulterait-il que nous n'eussions pas tort de les imiter. La feuille se développe-t-elle avec autant de rapidité à Paris que dans le pays Lou ? Et quand nous féliciterons nos collègues de Chine d'avoir observé ce grand principe d'économie que la croissance du ver doit suivre le développement de la feuille, féliciterons-nous nos éducateurs parisiens, de s'en être écartés ? La récolte de 1839 nous a prouvé, par une rude leçon, la vérité de ce principe. La plus grande partie des éducateurs n'ayant pas eu la précaution de faire baisser leur température intérieure, proportionnellement à celle extérieure, ont vu leurs arbres dépouillés avant que la feuille ait pu atteindre sa maturité, de là cette hausse effrayante qui a eu lieu presque partout, dans le prix des feuilles, de là peut-être aussi le peu de poids qu'on a généralement remarqué dans les cocons.

Il est une question bien plus grave, qui a mis en présence le midi et le nord de la France séricole. C'est celle de savoir qui doit l'emporter, de la magnanerie mécanique, des moyens factices, où des moyens naturels?

Les magnaniers du nord sont presque tous en faveur des moyens factices; ceux du midi les repoussent. Ne serait-il pas possible que chacun de ces partis eût raison? Il semble avantageux en effet à l'homme des climats froids, d'employer un calorifère qui, par l'économie qu'il lui procure, pendant tout le temps de l'éducation, le dédommage de la dépense qu'il a dû faire,et lui donne, aussi long-temps qu'il a besoin de chauffage, c'est-à-dire presque toujours, une ventilation égale, lente et continue. Dans les cas qui se présentent rarement, où la chaleur extérieure dépasserait de quelques degrés celle intérieure, la moindre force qu'ait un tarare suffira pour ébranler l'air dans la magnanerie, y établir un courant et la ventiler d'une manière convenable.

On peut donc dire que, dans le nord, le calorifère ne coûte rien puisqu'il balance des dépenses que d'ailleurs on serait obligé de faire, et que le ventilateur n'étant qu'un objet de luxe habituellement, et d'utilité quelquefois, n'entraînera que peu de frais, soit pour son établissement, soit pour le faire mouvoir.

La ventilation est le premier avantage qu'on retire du calorifère, mais elle n'existe qu'autant qu'on a besoin d'activer les fourneaux, de chauffer enfin. Que deviendra-t-elle dans les pays où la température permet d'élever le ver à soie, sans le secours du feu? On ne peut se le dissimuler. L'air chaud y sera infiniment plus coûteux que dans le nord; et lorsqu'on établit ce que coûtera l'air froid dans les magnaneries méridionales, on arrive à trouver une disproportion plus grande. Quelle puissance ne faudra-t-il pas au tarare, quand l'air extérieur ne pèsera plus autant que l'air intérieur? quelle continuité d'efforts ne devra-t-on pas faire, quand ce qui était l'exception deviendra la chose habituelle?

Il est reconnu que la science ne doit jamais faire défaut. Elle parviendrait donc à nous donner de l'air froid, même au moment où nous sommes écrasés par des touffes de chaleur. Mais quel magnanier, en supposant qu'il ait la fortune nécessaire, pour suffire aux frais d'établissement, se résoudra à voir non-seulement le produit de sa récolte s'annihiler, mais encore les dépenses dépasser de beaucoup les bénéfices?

On ne peut assigner la limite à laquelle s'arrêtera la magnanerie Darcet. Ce qu'on peut dire, c'est qu'elle est d'autant plus coûteuse, et qu'elle a d'autant moins de chances de succès, qu'elle descend davantage vers des climats plus chauds. Il n'est pas étonnant que les éducateurs du nord, ayant besoin de corriger leur air, adoptent les moyens Darcet; mais ce qui aurait lieu de surprendre, ce serait que ceux du midi se ruinassent pour obtenir à grands frais et d'une manière factice une température que, grâce à leur climat, ils peuvent avoir pour rien.

Le raisonnement s'appuie sur l'expérience; car, certes, ce ne sont ni l'intelligence, ni les ressources pécuniaires, qui ont manqué aux épreuves qui ont été faites dans les départements méridionaux. Et qui oserait proposer, à l'homme sans argent et sans instruction, d'entreprendre une œuvre à laquelle ont succombé des gens habiles, choisis dans le sein des sociétés d'agriculture? Il a été constaté, dans le midi de la France, que l'atelier Darcet manque d'air pur aux derniers âges des vers, et surtout au moment de leur montée en bruyères. C'est à cela, sans doute, qu'est dû l'échec que leurs cocons, si pesants sur les claies, ont éprouvé à la filature. Le ver privé d'air vital, dans le moment où il en a le plus besoin, use ses forces pour fuir l'humidité qui le tourmente, et dégorge, d'une manière lâche et lente, une soie glutineuse dont les fils, ne pouvant se sécher, se collent ensemble et forment ce cocon, qui est le désespoir de la fileuse.

Quand même la magnanerie à air factice n'offrirait pas ces désavantages, on ne saurait applaudir ni le gouvernement qui ferait des sacrifices pour la répandre, ni les sociétés d'agriculture qui lui viendraient en aide ; car elle est essentiellement aristocratique : et certes ce n'est pas pour le riche que la sollicitude des hommes éclairés doit s'émouvoir. C'est sous le toit de celui qui, cloué par le besoin, ne peut courir à l'encontre des améliorations ; c'est dans la maison du laboureur enfin, qu'il faut porter le soulagement : là, d'ailleurs, est la richesse publique.

Les magnaniers de tous les départements de la France, ceux de l'Ardèche et des Hautes-Alpes exceptés, qui veulent établir chez eux les appareils Vasseur, doivent payer à l'inventeur un droit de dix francs *par* quatre cents pieds *carrés de claies; ou de* quarante francs *pour une* quantité quelconque *d'appareils destinés à servir à l'éducation des vers à soie d'un seul propriétaire.*

Le mode de paiement peut s'effectuer par des bons sur un banquier de Valence (Drôme), ou sur la poste. On est prié d'affranchir.

2

EXPLICATION DES PLANCHES.

PLANCHE 1.

Toute espèce de claies ou tables peuvent être mobilisées, qu'elles soient en planches, cannes ou treillis en fil de fer. Ce dernier mode semblerait être le plus avantageux à cause de sa légèreté, de son peu de coût et de la facilité qu'il donne pour sécher la litière sous les vers. (Voyez *Planche* 1, *figure A*).

Ces tables sont faites au moyen de cadres en bois formés de liteaux de 5 centimètres de hauteur sur 4 d'épaisseur. Des traverses de 5 centimètres de large sur 2 d'épaisseur, les consolident. Le treillis en fil de fer étant placé au-dessous, les liteaux servent de rebord pour empêcher les vers de tomber. Quant au grillage, voici la manière dont il se fait: au moyen d'une règle dans laquelle sont fixées des pointes à une distance de 3 centimètres les unes des autres, on a bientôt marqué, sur chacun des bords de la claie, les places où devront être plantés de petits clous ou pointes.

L'ouvrier, qui a eu soin de faire recuire à propos son fil de fer de manière à ce qu'il ne soit ni trop lâche ni trop vibrant, et qui l'a enroulé autour d'un roquet ou d'un morceau de bois rond, noue ce fil à une des pointes et va et vient continuellement, traçant des lignes parallèles, grâce à ce qu'il contourne chaque fois deux pointes de suite. Lorsqu'après avoir garni de cette manière son cadre en travers, il le garnit en long, il obtient des carrés de 3 centimètres de côté sur toute la surface de la table. Ce travail se fait avec une rapidité telle qu'un ouvrier ordinaire, pourvu qu'on lui tienne son fil de fer préparé, peut faire le treillis de cinquante à soixante claies par jour.

Les claies marchent par assemblages, leur nombre peut aller de deux à six; mais celui de quatre semble offrir le plus d'avantages. On assemble ces tables entre elles au moyen de petites planchettes de 16 à 18 centimètres de largeur, clouées ou vissées à l'extrémité des cadres de manière à les tenir séparés les uns des autres de l'intervalle qu'on juge nécessaire pour le service. Ces planchettes remplacent les étagères chez les tables mobiles. En supposant un assemblage de quatre claies, et des intervalles de 30 centimètres entre elles, les planchettes auraient 1 mètre environ de longueur. Pour que la suspension ait lieu, on fixera très-solidement à chacune d'elles, un tourillon destiné à supporter tout l'assemblage, Il y aura donc deux tourillons par assemblage, placés de manière à en être en quelque sorte les anses. Il est nécessaire que ces anses soient placées à 35 centimètres environ de la partie qu'on veut être la supérieure; c'est-à-dire un peu au-dessous de la seconde claie, car si on les plaçait au milieu de la planchette il n'y aurait pas de raison pour que l'assemblage ne tournât sens-dessus-dessous, ce qui ne peut avoir lieu en employant les proportions indiquées. Il est facile de se rendre compte du genre de suspension, en reportant son souvenir vers ce jeu connu dans les amusements publics sous le nom de *tour du monde*, et qui consiste en cabriolets placés entre deux grandes roues et décrivant un cercle immense sans jamais se renverser. Si on fait attention aux 12 assemblages vus de bout qui sont dans la Planche n° 1 on verra qu'ils conservent toujours la ligne horizontale pour les tables où qu'ils soient placés sur l'appareil.

La Planche n° 1 représente un appareil horizontal, celui qu'on emploie dans les locaux qui ont peu de hauteur. Deux roues liées ensemble par un axe en fer qui tourne avec elles, sont supportées par les extrémités de l'axe sur des poteaux placés de bout dans le fond de l'appartement. Deux autres roues sont placées à l'entrée du local à même hauteur et de manière à ce que leur axe soit parfaitement parallèle avec celui du fond. Quand une lanière ira de chacune des roues qui est à l'entrée envelopper celle du fond qui lui correspond, on comprendra facilement qu'on ne pourra faire tourner une roue sans que toutes quatre marchent d'un commun accord. On a donc deux lanières sans fin qui marchent avec ensemble, qu'on fasse tourner soit dans un sens soit dans un autre. Si l'on fixe, au moyen de petits morceaux de cuir, des petites boîtes destinées à recevoir des tourillons, que je ne puis mieux comparer qu'à des morceaux de canon de fusil; qu'on ait soin de les placer à égales distances les unes des autres. Les boîtes d'une lanière correspondant avec celles de l'autre, on pourrait, quoiqu'on fît marcher, en visant dans un des tubes, voir le jour à travers l'autre. Qu'on suspende un assemblage entre les deux lanières et que les tourillons soient de chaque côté enfoncés dans les boîtes. Quand les lanières marcheront horizontalement, l'assemblage fera de même lorsque, arrivées au fond de la magnanerie, elles décriront un demi-cercle autour des roues, l'assemblage le décrira sans se renverser, grâce à son principe de suspension, et il reviendra comme il s'en est allé. Au lieu d'un seul, mettez-en autant que la longueur de vos lanières le permettra, et vos tables iront et viendront sans résistance, par suite du contrepoids qui s'établit naturellement. Pour que les assemblages ne puissent jamais se heurter, il est nécessaire d'éloigner les boîtes les unes des autres du double de la distance qu'il y a du tourillon d'un assemblage à l'un des angles de la table d'en bas; cette distance représentant le rayon du cercle que décrit l'assemblage dans son balancement.

Une objection qui se présente d'abord est celle que les cordes ou lanières ne pourront jamais avoir assez de tension lorsque les tables seront chargées du poids énorme des vers et de la feuille, pour qu'elles conservent la ligne horizontale et ne plient pas au milieu : de là, résistance et difficulté pour faire mouvoir. Cette difficulté n'aura pas lieu si on a soin d'établir des poteaux du fond à ceux qui sont à l'entrée des chemins en fer ou en bois. Les tourillons des assemblages seront allongés et dépasseront les boîtes et par conséquent les lanières, de manière à recevoir des roulettes qui, courant sur les chemins, supportent tout le poids. Il n'y a d'autre soin à avoir pour établir les chemins que de les distancer les uns des autres du diamètre des roues, plus l'épaisseur d'un tourillon. Ceux d'en haut doivent être fixés à la hauteur du point culminant des roues, moins le rayon d'une roulette : quant à l'éloignement auquel ils doivent être des roues et par conséquent des lanières, il est décidé par la longueur des tourillons.

PLANCHE 2.

Cet appareil est à la fois vertical et horizontal; par ce mode, des vers habitant un étage supérieur viennent successivement se faire servir à plain-pied. La définition de l'appareil horizontal qui vient d'être faite et celle du vertical qui aura lieu à la planche suivante fera facilement comprendre cette combinaison.

1. Roues suspendues au faîte du local communiquant par une ligne horizontale avec les roues du fond de l'appartement supérieur, et par une ligne verticale avec celles placées au plain-pied dans l'endroit destiné au service.

2. Poteau de soutenement.

3. Claie.

4. Planchette d'assemblage.

5. Roulette destinée à courir sur un chemin de fer.

7. Chemin de fer.

8. Liteau de soutenement pour le chemin de fer.

9. Poteau servant de support aux roues du fond de l'appartement supérieur.

10. Point par lequel on peut allonger ou raccourcir le chemin de fer en cas que pour remédier à la distension des lanières on soit obligé d'éloigner l'axe des roues du poteau de support ce qui se fait facilement en établissant une coulisse dans laquelle on le fait courir au moyen de coins ou d'une vis d'appel.

11. Plancher de la magnanerie.

12. Poteau de support.

PLANCHE 3.

Les deux premières figures représentent un plancher mobile que j'ai inventé pour faciliter l'aération dans la magnanerie ; il est fermé dans le premier plan et vu de face ; dans le second il est ouvert et vu de coupe : supposez deux soliveaux parallèles l'un à l'autre et fixes d'une manière solide au faîte du local. Le plancher mobile sera établi entre eux deux de la manière suivante, soit qu'on emploie des cadres garnis de papier ou de toile, soit qu'on se serve de planches.

A des distances égales sont pratiqués de petits trous ronds qui se correspondent d'un soliveau à l'autre. Chaque cadre est garni à ses quatre angles de tourillons dont deux entrent l'un à droite, l'autre à gauche, dans les pièces de bois fixe; les deux autres entrent et tourillonnent dans deux soliveaux mobiles superposés à ceux fixes. Par un moyen quelconque soulevez les soliveaux mobiles, et le plancher s'ouvre tout à la fois comme un abat-jour. On peut, grâce à ce moyen, mettre l'air intérieur en communication avec celui extérieur selon sa volonté et d'une manière presque complète au besoin, puisque le plancher étant ouvert n'aura plus, pour empêcher la communication, que l'épaisseur des cadres ou à peu près 1/20ᵉ de l'espace.

Ce mode offrira de grands avantages partout, mais principalement dans les lieux où l'on redoute les touffes de chaleur. Il est facile d'avoir, entre le plancher et le toit, des courants d'air nombreux et au besoin le plein air, si on ne soutient la toiture que par des piliers.

N° 1 de la 1re *figure*. Soliveaux mobiles ayant sous eux et masquant ceux qui sont fixes.

1. Représente le bord du cadre dont les tourillons sont dans les pièces de bois fixe.

2. Côté du cadre dont les tourillons sont dans les soliveaux mobiles.

Figure 2.

1. Soliveau mobile.

2. Soliveau fixe.

3. Cadres.

Des lignes indiquent la courbe que décrivent les côtés mobiles des claies quand les soliveaux supérieurs s'abaissent.

Des poulies, placées comme celles qui servent

à enlever les reverbères, suffisent, au moyen d'une corde qui le prend à son milieu, pour ouvrir et fermer le plancher sans aucune résistance.

La Planche **3** donne en outre le dessein d'un appareil vertical vu de face et de coupe : deux roues sont placées au faîte d'une magnanerie, deux autres sont placées perpendiculairement au-dessous, les axes sont parallèles; des lanières sans fin passent sous les roues de dessous et sur celles de dessus. Quand les roues d'en bas tourneront, il est facile de comprendre que celles de dessus tourneront aussi. Placez de petites boîtes à des distances égales sur chacune des lanières; faites-y entrer les tourillons des assemblages de table ayant soin, au moyen de goupilles et de rondelles, de faire qu'ils ne puissent ressortir; garnissez ainsi toutes les boîtes, ayant la précaution, pour établir le contrepoids; de placer les assemblages qui se correspondent, et vous pourrez faire monter et descendre avec la plus grande facilité une quantité considérable de tables.

En supposant des roues de 150 centimètres de diamètre, des claies de 70 centimètres de large sur 270 de long, un appareil occupe, dans la surface de la magnanerie, 220 centimètres sur 310.

Une magnanerie de 5 mètres et 1/2 à 6 mètres de largeur, de 9 mètres et 1/2 à 10 mètres de long et de 10 mètres de haut, contient six appareils fournissant chacun 60 claies, en tout 360 tables, sans nuire au chemin de service qui reste au milieu sur toute la longueur de l'atelier.

PLANCHE 4.

Les appareils marchant verticalement peuvent être très-facilement utilisés pour l'étendage des cocons destinés à la filature. On obtiendra, par eux, une économie considérable de cet espace dont les fileurs manquent toujours, une aération facile, et le travail du triage devient un jeu. Et si on dispose les assemblages de la manière indiquée dans la figure A on verra que non-seulement on aura les avantages dont je viens de parler, mais une foule d'autres, tels que celui de se préserver des rats, celui de ne pas être obligé de monter sur des échelles avec des poids énormes, etc. Mais encore celui incomparablement supérieur à tous les autres, de pouvoir changer continuellement les cocons de tables sans avoir d'autre travail à faire que celui de mettre en jeu l'appareil. Supposez, en effet, que les claies soient formées de deux pièces. Chacune d'elles est supportée à ses extrémités par de petits liteaux F cloués dans le côté intérieur des planchettes; de petits tourillons placés à peu près à un tiers de la largeur d'une de ces moitiés de claie du côté du milieu, entrent dans les planchettes dont elles empêchent l'écartement. Soulevez, par un moyen quelconque, le bord d'une claie, nécessairement elle laissera un vide dans le milieu; laissez retomber sur le liteau, le vide se trouve rempli : mais si vous avez soin d'avoir dans l'appareil une claie non garnie de cocons, que vous mettiez une cheville entrant de quelques centimètres dans l'espace contenu entre les deux tables et que vous fassiez marcher du haut en bas, la claie supérieure se trouvant crochée à droite et à gauche s'entr'ouvre dans son milieu, laisse tomber les cocons sur la table inférieure et dès qu'elle a échappé aux chevilles, se referme pour recevoir à son tour les cocons de la table qui suit. Aux points C, il y a deux chevilles indiquées de chaque côté, l'une plus courte que l'autre, c'est dans le but de remédier au cas qui pourrait se présenter, que les cocons restassent accrochés à la table. La première cheville étant plus courte échappe d'abord, et la seconde donne une secousse qui décide immanquablement la chute des cocons.

La *figure* & indique une espèce de roue économique formée de rayons liés, à leur base, par un moyeu, et à moitié de leur longueur, par des liteaux qui les consolident. De petits trous sont pratiqués aux extrémités des rayons; et si vous supposez deux roues liées ensembles par un axe solide, vous pourrez établir un assemblage entre chacun des bras qui se correspondent, grâce aux trous qui y sont percés et dans lesquels vous faites entrer les tourillons de vos assemblages.

Ce mode d'appareil demande une hauteur de 4 à 5 mètres environ et un grand soin pour charger les tables qui se correspondent, de manière à établir les contrepoids sans lesquels des accidents seraient inévitables.

L'appareil horizontal qui est représenté dans la Planche 4 est soumis au public non comme chose parfaite, mais comme chose à perfectionner. Mon intention a été de prouver qu'on peut arriver à servir les vers à soie et à les faire monter en bruyères d'une manière mécanique.

La facilité que j'ai d'amener successivement les claies à passer à la même place m'a permis d'établir sur un point fixe un couteau pour la feuille, 8, 9, 10; il est formé, d'après le mode pour lequel M. Treton, de Grenoble, a pris un brevet d'invention, de deux petits cylindres garnis de lames circulaires et tournant l'un sur l'autre de manière à faire former ciseau à ces lames. Il me serait facile, en faisant avancer les tables petit à petit, de leur faire recevoir la feuille qui tombe du couteau assez également pour que la table soit parfaitement servie; mais comme on eût pu objecter que la tension ou la distension des lanières amèneraient des dérangements et que la feuille risquerait de tomber à côté des tables, j'ai établi au-dessous du couteau un cylindre destiné à recevoir la feuille et à la distribuer d'une manière égale sur la claie arrêtée au-dessous de lui.

5. Cylindre.

6. Feuilles de fer-blanc disposées pour recevoir la feuille et la distribuer sur un des bords

de la table en se rapprochant du centre.

7. Feuilles ou lames liées par une charnière ne pouvant jamais se refermer complètement et s'ouvrant suivant qu'elles doivent distribuer la feuille plus ou moins loin du milieu, en angles plus ou moins obtus.

Pour comprendre ce mécanisme, il est nécessaire de faire attention que la feuille ne glisse sur les lames de fer-blanc que lorsque ces lames prennent une position verticale. Les n° 6 lâchent successivement la feuille, et les n° 7, pourvu qu'on ait eu soin de modérer l'ouverture de leur angle, retiendront la feuille assez long-temps pour ne la laisser tomber qu'à propos et divisée sur la seconde moitié de la table.

Une coconière est établie, voyez *fig.* II, à une certaine distance au-dessus des claies. Grand nombre de cordes en pailles, 12, descendent jusque sur les claies, et quand elles n'occuperaient que le quart de ces claies, elles suffiraient parfaitement pour enlever tous les vers mûrs, pourvu qu'on eût soin ou de faire marcher l'appareil d'une manière lente et continue, ou de renouveler par quart les tables qui passent sur la coconière.

L'appareil, tel qu'il est dans la Planche **4**, donne des tables marchant isolément. Il serait possible de servir également d'une manière mécanique celles marchant par assemblage : on mettrait au-dessous du couteau des tables disposées comme l'indique la figure *a b d f*; grâce à des coulisses, les 3 tables *a* peuvent occuper la place où l'on voit des points, c'est donc celle de dessous qui reçoit la feuille. En amenant les unes après les autres celles qui lui sont supérieures; chacune d'elles se trouve servie à son tour. Il n'y a donc plus d'autre difficulté que de porter et de répandre sur les vers de l'assemblage de quatre tables qu'on a amenées vis-à-vis, la feuille qui est sur les quatre que nous venons de dépeindre.

Si les quatre claies de service ont été confectionnées dans le genre d'un abat-jour et d'après le principe que j'ai donné pour le plancher mobile de la Planche **3**. Au moyen d'une petite tringle de fer *e* vous pouvez soulever les petits soliveaux supérieurs, et pour peu que vous les agitiez, toute la feuille passe à travers les lames ou planchettes qui d'horizontales qu'elles étaient ont pris la position verticale.

Il est clair que l'on n'agite la tringle qu'après avoir fait avancer, au moyen de deux verges de fer glissant dans des tubes, l'assemblage de service, de manière à ce que chacune de ses tables soit superposée, à quelques centimètres près, à chacune des claies de l'assemblage à servir.

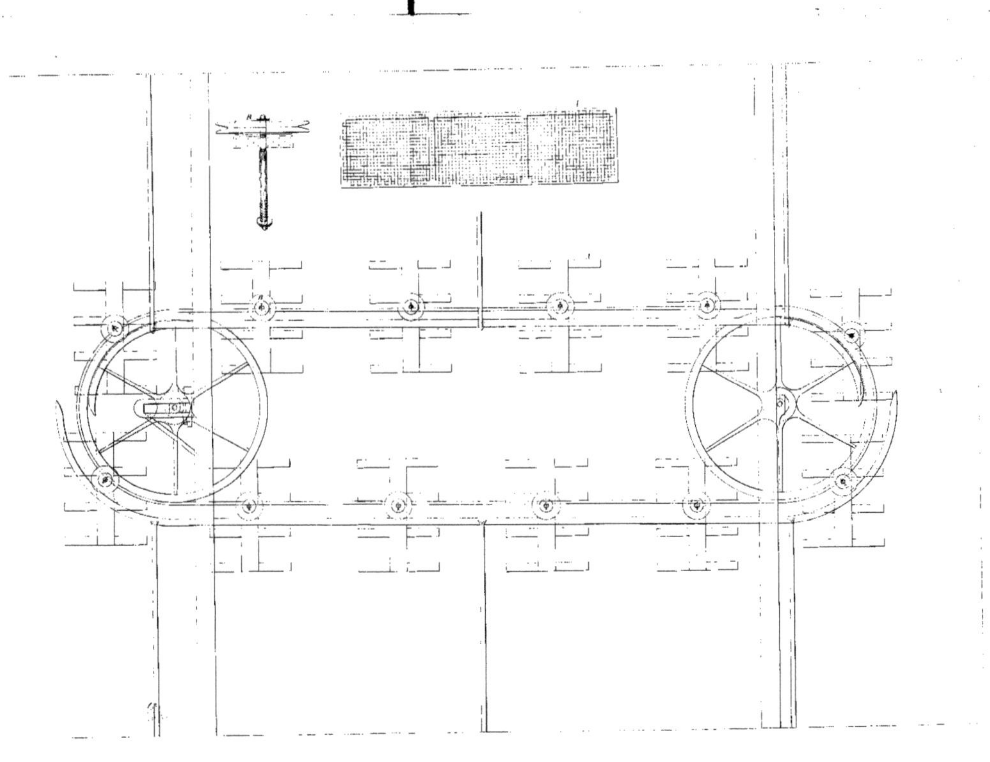

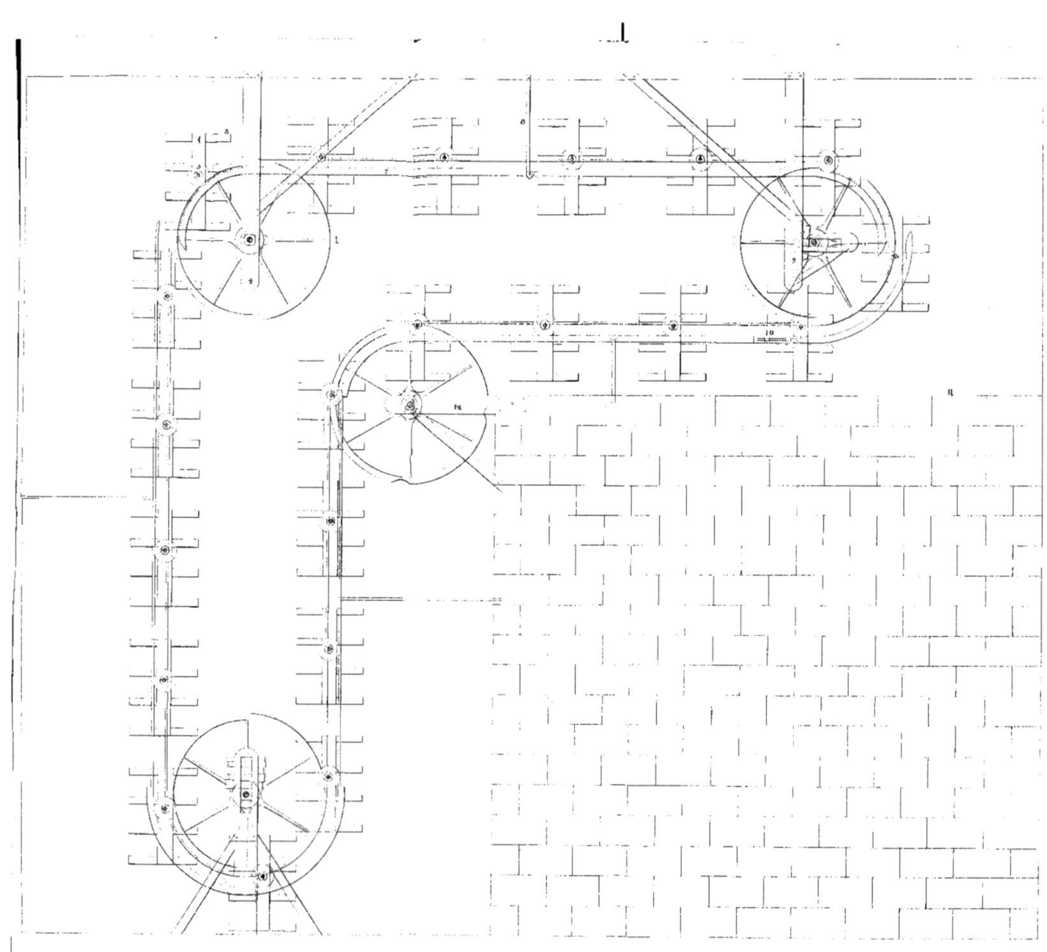

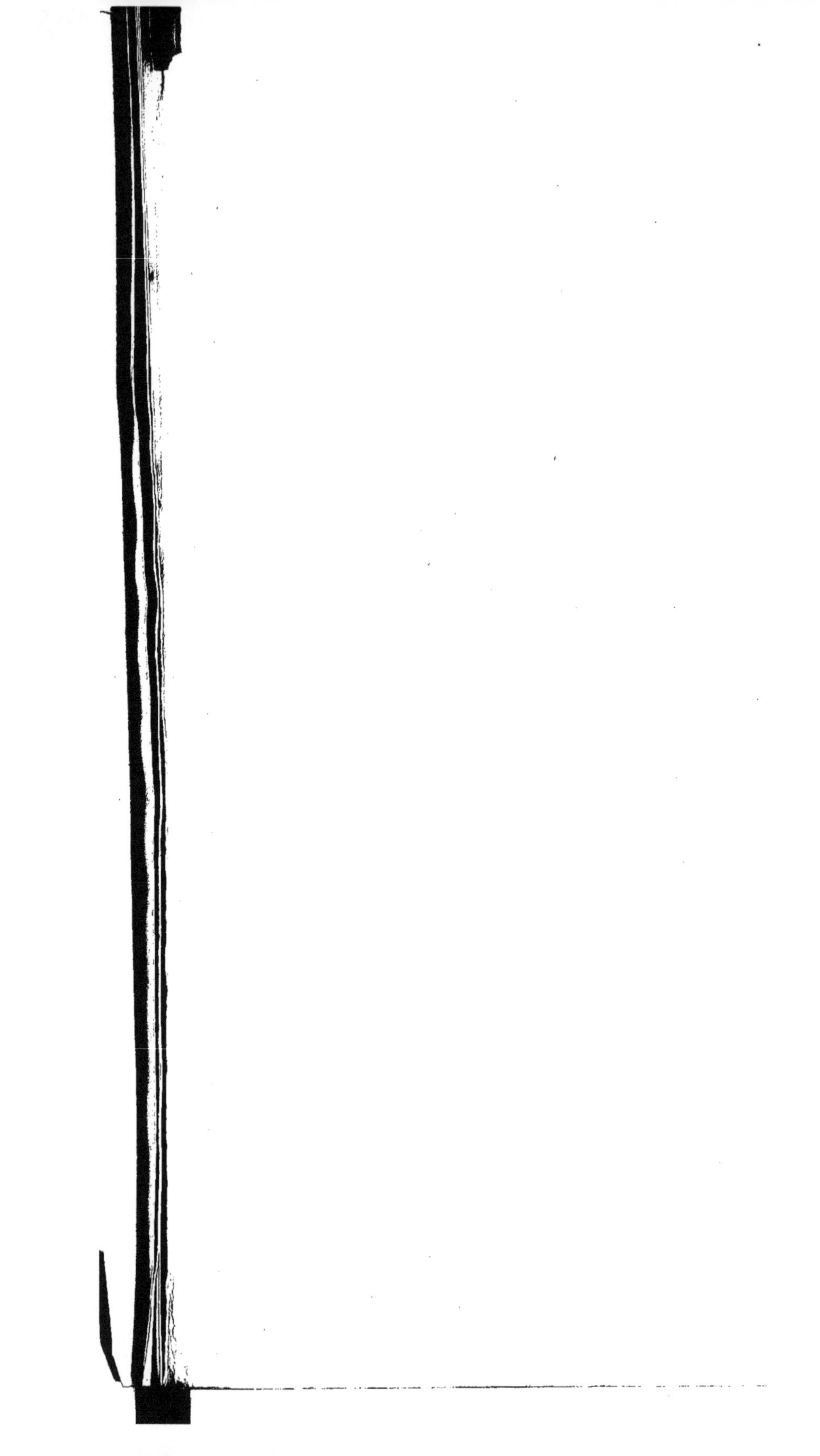

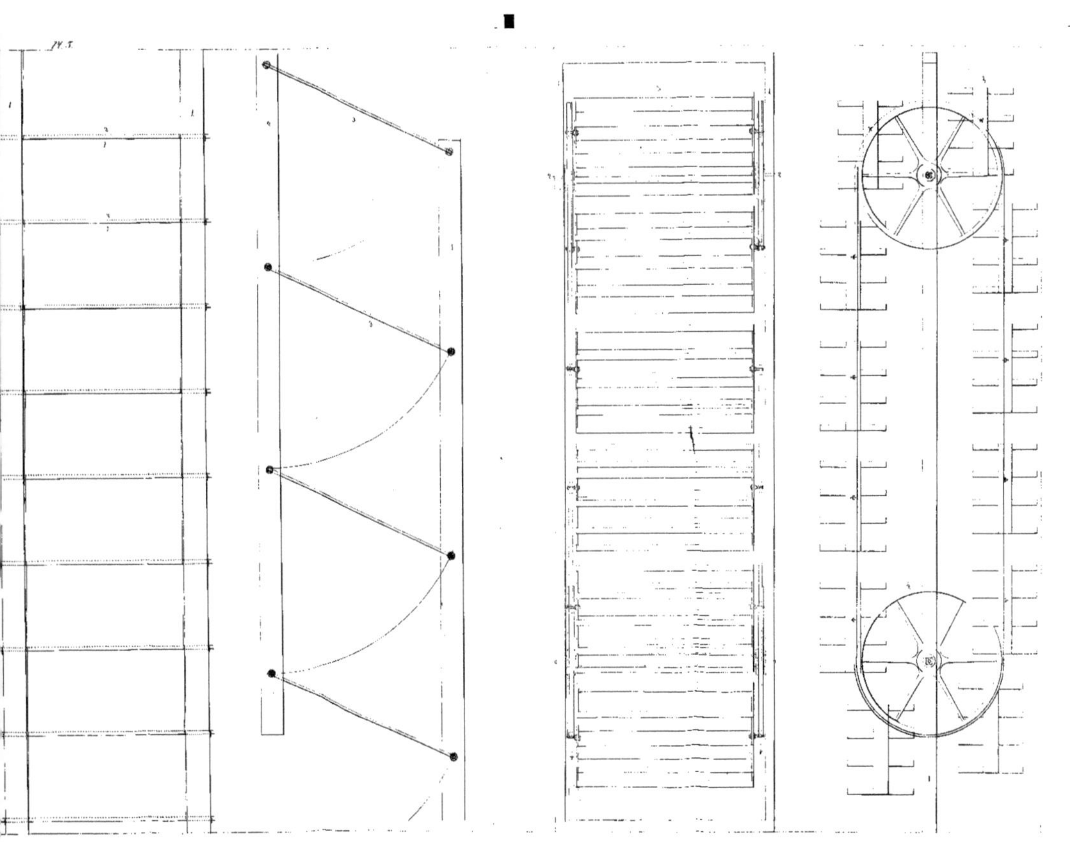

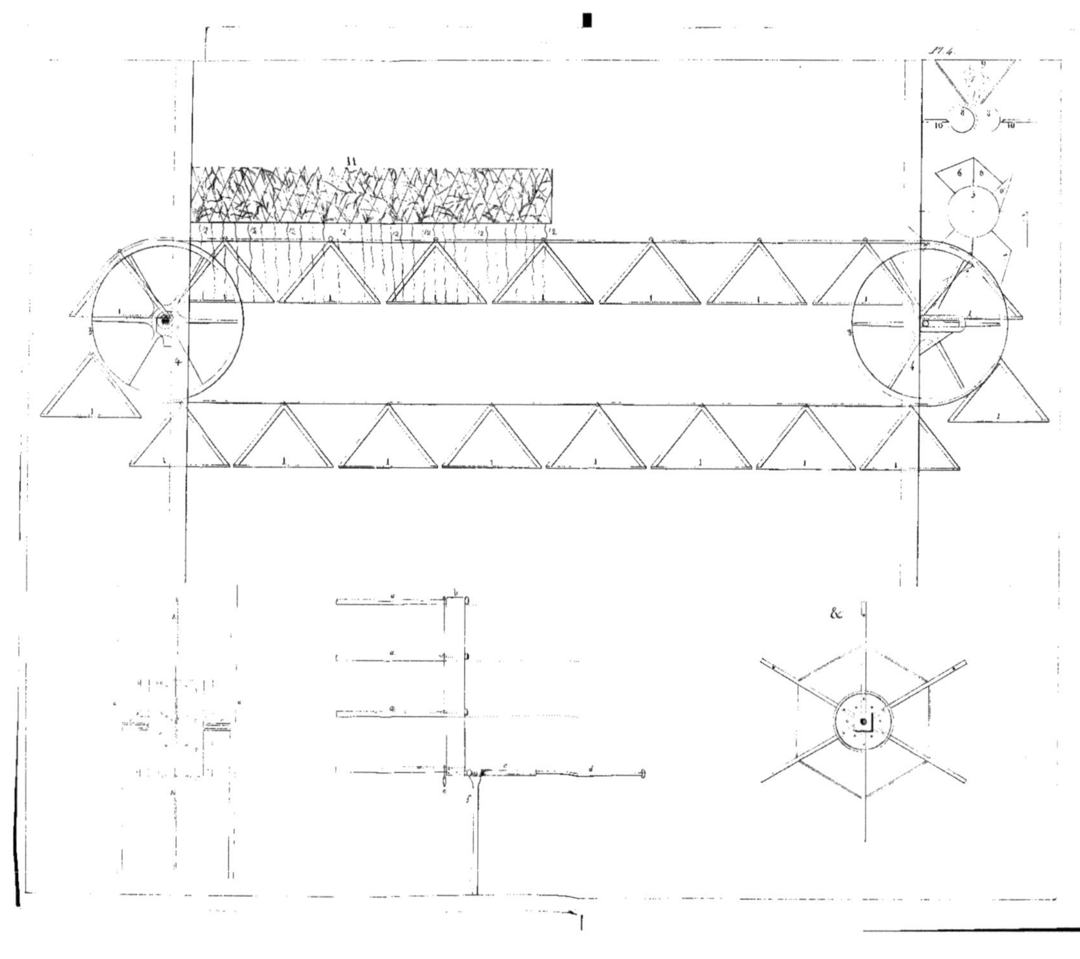

www.ingramcontent.com/pod-product-compliance
Ingram Content Group UK Ltd.
Pitfield, Milton Keynes, MK11 3LW, UK
UKHW021034180726
13838UKWH00004B/1792